Abdelhafid Mimouni

O brilho das moléculas: uma história da difração de raios X

Abdelhafid Mimouni

O brilho das moléculas: uma história da difração de raios X

ScienciaScripts

Imprint
Any brand names and product names mentioned in this book are subject to trademark, brand or patent protection and are trademarks or registered trademarks of their respective holders. The use of brand names, product names, common names, trade names, product descriptions etc. even without a particular marking in this work is in no way to be construed to mean that such names may be regarded as unrestricted in respect of trademark and brand protection legislation and could thus be used by anyone.

Cover image: www.ingimage.com

This book is a translation from the original published under ISBN 978-620-6-73003-3.

Publisher:
Sciencia Scripts
is a trademark of
Dodo Books Indian Ocean Ltd. and OmniScriptum S.R.L publishing group

120 High Road, East Finchley, London, N2 9ED, United Kingdom
Str. Armeneasca 28/1, office 1, Chisinau MD-2012, Republic of Moldova, Europe
Managing Directors: Ieva Konstantinova, Victoria Ursu
info@omniscriptum.com

Printed at: see last page
ISBN: 978-620-3-32462-4

O brilho das moléculas: uma história da difração de raios X

Autor: Investigador independente em química bioinorgânica, **o Dr. A. Mimouni** obteve um doutoramento em química pela Universidade de Paris XII em 1997. Obteve um DEA em Sistemas Bioinorgânicos, uma Maîtrise e uma Licença em Química na Universidade de Paris XI em 1993/92/91. Dedico este trabalho ao meu professor de cristalografia da licenciatura, **François Théobald**.

Resumo: Este livro traça a história da cristalografia de raios X e a descoberta de estruturas moleculares. Explora os desafios enfrentados pelos cientistas, desde as primeiras observações de Max von Laue até ao trabalho dos Braggs, e como a cristalografia tornou possível a resolução das estruturas de biomoléculas como a vitamina B12 e a insulina. Destaca as contribuições de investigadores como Dorothy Crowfoot Hodgkin e a evolução das ferramentas analíticas, desde os cálculos manuais até ao software moderno. O livro destaca a perseverança dos investigadores face aos desafios técnicos e humanos.

Esboço do livro :

Introdução ao livro : A evolução da cristalografia e a busca da estrutura molecular

A história da ciência é frequentemente marcada por descobertas revolucionárias que alteram a nossa compreensão do mundo e do universo que nos rodeia. Uma dessas grandes descobertas ocorreu no início do século XX, com o aparecimento da cristalografia de raios X, uma técnica que revela as estruturas atómicas dos materiais e das moléculas. Antes do advento deste método, a ciência da química e da biologia deparava-se com um desafio monumental: como visualizar e compreender as estruturas tridimensionais das moléculas?

Os cientistas da época, embora dotados de conhecimentos químicos e físicos avançados, não dispunham dos instrumentos necessários para observar diretamente a disposição dos átomos numa molécula. Os progressos científicos eram em grande parte teóricos e as hipóteses sobre a estrutura das moléculas permaneciam, na sua maioria, inacessíveis a uma validação experimental imediata. No entanto, tudo isto mudou com a descoberta da difração de raios X, que nos permitiu desvendar este mistério e criar modelos tridimensionais precisos das estruturas moleculares.

Este livro reconstitui esta fascinante aventura científica, explorando os marcos da cristalografia de raios X e os desafios enfrentados pelos investigadores na decifração da estrutura das moléculas. Começamos com a história dos primeiros passos da difração de raios X, passando por pioneiros como Max von Laue e os Braggs, até às grandes descobertas das décadas de 1930 e 1950, que revelaram a estrutura das primeiras biomoléculas complexas, como a vitamina B12 e a insulina. No centro desta aventura estiveram figuras emblemáticas como Dorothy Crowfoot Hodgkin, cujas descobertas revolucionaram a biologia molecular e a medicina.

Nesta viagem no tempo, veremos como a ciência evoluiu, desde os primeiros instrumentos rudimentares até às sofisticadas tecnologias informáticas dos anos 90 e seguintes. Do rigor dos cálculos manuais à utilização de software moderno, veremos como a análise dos padrões de difração foi sendo aperfeiçoada, permitindo aos investigadores resolver estruturas cada vez mais complexas com maior precisão.

Este livro pretende ilustrar não só os avanços técnicos da cristalografia de raios X, mas também a determinação e a paixão dos investigadores que, à custa de esforços titânicos, abriram caminho a descobertas que têm hoje aplicações práticas consideráveis na biotecnologia, na farmacologia e não só.

Capítulo 1: Introdução: O enigma das estruturas moleculares

Apresentação do problema histórico

Antes do desenvolvimento das técnicas modernas de cristalografia e de difração de raios X, a determinação das estruturas tridimensionais das moléculas constituía um enorme desafio para os cientistas. Na altura, embora os avanços na química orgânica tivessem elucidado certas propriedades e composições moleculares, a compreensão da disposição exacta dos átomos no interior das moléculas continuava a ser largamente especulativa.

No início do século XX, os investigadores viam-se confrontados com a impossibilidade de visualizar diretamente as estruturas moleculares. Tinham de se basear em pistas indirectas, como o comportamento físico, as reacções químicas ou os espectros moleculares. No entanto, embora estas observações fossem úteis, não permitiam a elaboração de modelos tridimensionais exactos. As moléculas, com os seus complexos arranjos atómicos, não eram facilmente compreendidas através das técnicas tradicionais de análise química, como a espetroscopia ou a cromatografia.

Os químicos e os biólogos não conseguiram, portanto, responder a algumas questões fundamentais: como é que os átomos se organizam para dar origem a estruturas funcionais como as proteínas, as enzimas ou mesmo os medicamentos? Que papel desempenham estas estruturas nos processos biológicos? A falta de modelos 3D precisos impedia uma compreensão completa dos mecanismos moleculares subjacentes aos fenómenos biológicos essenciais.

Procura de modelos 3D

Nessa altura, a compreensão da estrutura molecular tornou-se essencial para os avanços científicos, nomeadamente em domínios como a química, a farmacologia e a biologia molecular. De facto, à medida que os investigadores se interessavam cada vez mais pelos mecanismos bioquímicos, tornou-se claro que a estrutura tridimensional de uma molécula não era apenas uma caraterística estética, mas um elemento-chave na sua função biológica. Por exemplo, as enzimas, catalisadores biológicos essenciais, só faziam sentido quando compreendidas na sua forma tridimensional. A ligação específica de um fármaco a uma proteína alvo também exigia uma compreensão exacta da estrutura tridimensional de ambas as moléculas.

Sem esta compreensão da forma e disposição das moléculas, era impossível prever ou explicar fenómenos complexos, como a interação entre um medicamento e um recetor biológico, ou mesmo conceber moléculas sintéticas com propriedades específicas. Isto levou a uma procura crescente de modelos moleculares 3D, para compreender melhor a estrutura e a função das moléculas e para impulsionar a inovação em domínios tão diversos como a conceção de medicamentos, o tratamento de doenças e a engenharia de materiais.

Antes de tecnologias como a difração de raios X e a ressonância magnética nuclear (RMN) se tornarem comuns, a única opção para resolver este problema era recorrer a abordagens mais experimentais. No entanto, estes primeiros passos experimentais eram lentos, laboriosos e frequentemente imprecisos, fornecendo apenas uma compreensão parcial das estruturas moleculares.

Capítulo 2: Os primeiros passos na difração de raios X

A descoberta da difração de raios X (1912)

A história da difração de raios X começou em 1912 com a descoberta revolucionária de Max von Laue. Este físico alemão demonstrou que os raios X, então um fenómeno misterioso, podiam ser difractados pelos cristais. Este fenómeno foi de grande importância, pois permitiu, pela primeira vez, explorar a estrutura atómica dos materiais, uma área até então desconhecida. Von Laue descobriu que os cristais actuavam como grelhas de difração, capazes de decompor os raios X e formar padrões regulares.

Na sua experiência, von Laue utilizou um feixe de raios X para iluminar um cristal de cobre. Observou que os raios X eram difractados pelo cristal, formando um padrão circular. Este fenómeno permitiu medir a distância entre os planos atómicos do cristal, proporcionando um novo método para explorar a estrutura interna dos materiais sólidos.

Esta descoberta fundamental marcou um ponto de viragem na ciência dos materiais. Abriu o caminho para a utilização dos raios X como instrumento de sondagem da estrutura atómica e molecular dos materiais, o que seria essencial para a compreensão da química e da biologia modernas. Em 1914, Max von Laue foi galardoado com o Prémio Nobel da Física pela sua extraordinária contribuição.

Os pioneiros

William Lawrence Bragg e o seu pai, William Henry Bragg

Pouco depois da descoberta de Max von Laue, outro grande nome da cristalografia, William Lawrence Bragg, e o seu pai, William Henry Bragg, desenvolveram *a* famosa *lei de Bragg*, que relaciona os ângulos de difração dos raios X com a distância entre os planos atómicos no cristal. O seu trabalho aperfeiçoou a análise da difração de raios X e forneceu uma estrutura matemática para interpretar os resultados obtidos em experiências de difração.

A Lei de Bragg, formulada em 1913, é uma das pedras angulares da cristalografia moderna. É dada pela seguinte equação:

$$n\lambda = 2d\sin\theta$$

Onde:

- n é a ordem da difração (geralmente igual a 1 para os primeiros picos),
- λ é o comprimento de onda dos raios X,
- d é a distância entre os planos cristalinos,

- θ é o ângulo de difração medido.

Esta lei permite calcular as distâncias inter-reticulares num cristal a partir dos ângulos de difração observados. Graças a esta relação simples, é agora possível analisar e interpretar dados de difração, abrindo caminho para o estudo de estruturas atómicas em cristais.

William Lawrence Bragg foi galardoado com o Prémio Nobel da Física em 1915, com 25 anos de idade, o que faz dele um dos mais jovens galardoados na história do Prémio Nobel. O seu trabalho, com o seu pai, representou um grande avanço na ciência da cristalografia e nos métodos experimentais que dela derivaram.

O aparecimento da cristalografia de raios X

A utilização da difração de raios X para estudar estruturas cristalinas e não cristalinas intensificou-se após a Primeira Guerra Mundial. Graças aos trabalhos de Bragg e Laue, os investigadores começaram a aplicar esta técnica para resolver as estruturas atómicas de muitos materiais.

O advento da difração de raios X permitiu aos cientistas investigar questões que anteriormente estavam fora do seu alcance, como a estrutura de cristais orgânicos e inorgânicos, bem como de moléculas complexas como as proteínas e os ácidos nucleicos. A cristalografia de raios X está a tornar-se uma técnica essencial, particularmente no domínio da biologia molecular, onde pode ser utilizada para visualizar a estrutura de macromoléculas biológicas, como as proteínas e o ADN.

Durante as décadas de 1920 e 1930, cientistas como Dorothy Crowfoot Hodgkin, que resolveu a estrutura da vitamina B12 em 1948, e Linus Pauling, que determinou a estrutura da hélice alfa da proteína, utilizaram a difração de raios X para revolucionar a nossa compreensão da estrutura molecular. Foi só em meados do século XX que os avanços na cristalografia de raios X tornaram possível a resolução exacta de estruturas moleculares complexas, dando início a uma era de descobertas para a química estrutural e a biologia.

Capítulo 3: A idade de ouro das descobertas: Dos anos 30 aos anos 50

As primeiras estruturas reveladas

Os anos de 1930 a 1950 marcaram um ponto de viragem crucial na história da difração de raios X. Os avanços nas técnicas de cristalografia de raios X revelaram pela primeira vez a estrutura de várias moléculas complexas, em particular proteínas, ácidos nucleicos e pequenas moléculas orgânicas. Estas descobertas estão a abrir caminho para uma nova compreensão da biologia molecular e da química.

Um dos primeiros grandes marcos desta era foi o estudo da estrutura das proteínas. Em 1930, os investigadores começaram a compreender que as proteínas são constituídas por cadeias de aminoácidos e que a sua estrutura tridimensional determina as suas funções biológicas. Embora as estruturas detalhadas das proteínas ainda não tivessem sido completamente resolvidas, as bases tinham sido lançadas, nomeadamente com a determinação da estrutura dos cristais de colagénio por análise de difração de raios X.

Os ácidos nucleicos, como o ADN e o ARN, estavam também a começar a ser estudados através da cristalografia de raios X. No entanto, nessa altura, a estrutura do ADN permanecia um mistério, embora fosse claro que desempenhava um papel fundamental na transmissão genética. Os investigadores começaram a interessar-se cada vez mais pelos polímeros biológicos e pela sua organização cristalina.

As pequenas moléculas orgânicas, como os açúcares e os medicamentos, são também objeto de investigação. A sua estrutura está a ser determinada com uma precisão cada vez maior, permitindo aos químicos compreender melhor as suas propriedades e conceber novas substâncias com aplicações terapêuticas.

Vitamina B12: uma descoberta histórica

Entre as principais descobertas deste período, destaca-se a da estrutura tridimensional da vitamina B12 por Dorothy Crowfoot Hodgkin. A vitamina B12, um composto complexo, é de importância vital para muitos processos biológicos, incluindo a síntese de ADN. Em 1956, após mais de uma década de trabalho árduo, Dorothy Hodgkin conseguiu resolver a estrutura da vitamina B12 utilizando a difração de raios X.

A investigação sobre a vitamina B12 é um exemplo notável da dificuldade e perseverança necessárias para analisar estruturas moleculares complexas utilizando a difração de raios X. A estrutura da vitamina B12 é caracterizada por um grande número de picos e detalhes finos que complicam a análise dos dados de difração. O método de Hodgkin consistia em observar os padrões de difração dos cristais de vitamina B12, interpretar os resultados em termos de simetria e distâncias inter-reticulares e deduzir a configuração atómica da molécula.

O trabalho de Dorothy Crowfoot Hodgkin foi laborioso e exigiu uma análise manual meticulosa dos dados. Cada difração teve de ser comparada e verificada, e foram levantadas inúmeras hipóteses sobre a disposição atómica da vitamina antes de se chegar a uma solução satisfatória. Esta descoberta não só levou a uma melhor compreensão do papel da vitamina B12 no organismo, como também demonstrou o poder da difração de raios X como ferramenta para a resolução de estruturas moleculares complexas. Em 1964, Dorothy Crowfoot Hodgkin foi galardoada com o Prémio Nobel da Química pelo seu trabalho notável.

As dificuldades encontradas

Apesar dos avanços espectaculares feitos durante este período, a análise dos dados de difração de raios X estava longe de ser simples. Na altura, os investigadores não tinham acesso às poderosas ferramentas informáticas modernas que conhecemos hoje. Assim, todo o trabalho de análise tinha de ser feito à mão, um processo longo e árduo.

As fotografias dos pontos de difração tinham de ser analisadas manualmente e os investigadores tinham de utilizar tabelas de dados e cálculos complexos para determinar os ângulos e as distâncias inter-reticulares. Uma das maiores dificuldades foi deduzir a estrutura molecular a partir dos dados de difração. Os dados brutos de difração não fornecem diretamente uma imagem da estrutura da molécula; em vez disso, foi necessário recorrer a técnicas indirectas, como modelos hipotéticos e ajustes iterativos, para deduzir a disposição dos átomos na molécula.

Isto tornou-se particularmente difícil com moléculas complexas, como a vitamina B12, cuja estrutura inclui muitos átomos em configurações complicadas. A difração de raios X, por si só, não conseguia resolver a estrutura sem a ajuda de modelos pré-existentes, obrigando os investigadores a fazer inúmeras conjecturas e a ajustar os seus modelos de acordo com os resultados experimentais.

A falta de tecnologia informática para efetuar cálculos automatizados e a necessidade de numerosas tentativas e ajustamentos tornavam esta tarefa uma verdadeira dor de cabeça. Os investigadores tinham frequentemente de utilizar técnicas como a *reflexão de Fourier* e outros métodos matemáticos para chegar a uma solução. Estas limitações tornaram a análise de difração um processo longo e por vezes assustador.

Capítulo 4: Dorothy Crowfoot Hodgkin e a insulina: uma pioneira da biologia estrutural

Retrato de Dorothy Hodgkin

Dorothy Crowfoot Hodgkin (1910-1994) foi uma figura icónica da química do século XX, pioneira da cristalografia de raios X e uma das maiores cientistas do seu tempo. Nascida no Cairo, Egito, foi educada na Grã-Bretanha, onde estudou química na Universidade de Oxford. Muito cedo, desenvolveu um interesse pelas estruturas moleculares e pela cristalografia de raios X. Na altura, este era um campo em rápida expansão, o que lhe deu a oportunidade de explorar novos horizontes científicos.

Hodgkin é mais conhecida pelo seu trabalho na determinação de estruturas moleculares complexas utilizando a difração de raios X, uma técnica que fornece uma imagem da estrutura tridimensional das moléculas. Em 1964, foi-lhe atribuído o Prémio Nobel da Química pelas suas descobertas no domínio da cristalografia de raios X, em particular pela resolução da estrutura da vitamina B12, um feito importante na história da química. O seu trabalho sobre a vitamina B12 foi seguido de muitas outras descobertas, incluindo a da insulina, uma molécula que revolucionaria o tratamento da diabetes.

Dorothy Hodgkin não só foi uma cientista brilhante, como também abriu caminho para as mulheres num domínio dominado pelos homens, provando que a perseverança, o rigor científico e a inovação podem conduzir a resultados excepcionais. O seu trabalho teve um impacto considerável na biologia estrutural, abrindo caminho para a compreensão de muitas outras moléculas biológicas essenciais.

Os desafios de trabalhar com insulina

A insulina, uma proteína crucial na regulação do metabolismo da glucose, foi descoberta na década de 1920 e utilizada no tratamento da diabetes. No entanto, apesar da sua importância terapêutica, a sua estrutura molecular permaneceu um mistério. Antes de a insulina ser sintetizada em massa para uso médico, era essencial que os investigadores compreendessem a organização atómica desta molécula.

Em 1969, Dorothy Hodgkin conseguiu determinar a estrutura tridimensional da insulina utilizando a difração de raios X. No entanto, este trabalho constituiu um grande desafio tecnológico e humano. A estrutura da insulina é particularmente complexa, sendo constituída por duas cadeias polipeptídicas ligadas por pontes dissulfureto. As moléculas de insulina são relativamente pequenas mas extremamente difíceis de cristalizar devido à sua natureza complexa e à dificuldade de obter cristais perfeitos.

O processo de análise da insulina por difração de raios X foi longo e árduo. Para começar, os investigadores precisavam de obter cristais suficientemente puros e bem formados para permitir uma análise bem sucedida. O trabalho de Hodgkin envolveu, portanto, anos de cristalização, com muitas falhas e experiências infrutíferas. Foram necessários ajustes cuidadosos na purificação das amostras e na orientação dos cristais para obter dados de difração fiáveis.

A análise destes dados tornava-se ainda mais complexa devido ao número de variáveis envolvidas e a interpretação dos padrões de difração exigia cálculos matemáticos laboriosos. O desafio era assustador, mas graças à sua perseverança e competência, Hodgkin conseguiu deduzir a estrutura exacta da insulina, abrindo novas perspectivas para a produção desta hormona em laboratório e para a compreensão do seu papel biológico.

A técnica de cristalização

Uma das maiores dificuldades encontradas pelos investigadores nas décadas de 1930 a 1960 foi a cristalização de biomoléculas complexas, como a insulina. A cristalização é uma etapa essencial da difração de raios X, pois permite obter cristais suficientemente regulares e perfeitos para serem analisados. No entanto, as biomoléculas, em particular as proteínas, são frequentemente muito difíceis de cristalizar. As moléculas biológicas têm estruturas complexas e flexíveis que as tornam sensíveis às condições experimentais.

A cristalização da insulina exigiu uma série de tentativas infrutíferas para encontrar as condições corretas para obter cristais de qualidade. Estes cristais tinham de ter um tamanho suficiente e uma regularidade perfeita para permitir que os raios X se difundissem de forma precisa e reprodutível. Os investigadores da época, entre os quais Dorothy Hodgkin, tiveram de experimentar vários factores: temperatura, pH, concentração da amostra e velocidade de cristalização.

Uma vez obtidos os cristais, estes tinham de estar perfeitamente orientados na câmara de difração para que os resultados fossem utilizáveis. A cristalização demorava meses, ou mesmo anos, e as amostras perdiam-se frequentemente em ensaios que não produziam os resultados esperados. Os investigadores eram confrontados com uma verdadeira batalha contra a natureza para obter cristais de qualidade. Isto fazia com que cada sucesso fosse um feito monumental.

Graças à perseverança de investigadores como Hodgkin, a difração de raios X tornou-se um método fundamental na biologia estrutural, tornando possível não só determinar a estrutura da insulina, mas também a de outras proteínas complexas, como os anticorpos e os receptores celulares.

Capítulo 5: Anos 60 e 80: A ascensão da informática e os avanços técnicos

A chegada dos primeiros computadores

A partir dos anos 60 e 70, a era dos computadores marcou uma revolução em quase todos os domínios da ciência, incluindo a cristalografia de raios X. Antes da chegada dos computadores, os investigadores tinham de efetuar os seus cálculos à mão, uma tarefa árdua e propensa a erros. Os cristalógrafos tinham de resolver equações complexas, frequentemente em várias etapas, utilizando métodos baseados em tabelas, calculadoras e, por vezes, métodos manuais, que podiam demorar meses ou mesmo anos a obter uma solução.

A chegada dos primeiros computadores, como os mainframes, permitiu alterar radicalmente este processo. Os investigadores podem agora executar programas de cálculo complexos muito mais rapidamente do que antes. Em particular, os cálculos necessários para resolver a estrutura de uma molécula, como a deteção de picos de difração e a resolução de estruturas atómicas, tornaram-se muito mais eficientes.

Na década de 1960, surgiram programas como o *DIRDIF* (que resolve a estrutura cristalina a partir da difração) e o *FIND*, utilizado para analisar dados de difração. Estes primeiros programas de software permitiram aos investigadores processar grandes quantidades de dados de forma mais rápida e fiável, reduzindo o tempo necessário para resolver estruturas complexas. No entanto, embora a automatização do cálculo constituísse um avanço considerável, a interpretação dos dados de difração e a modelização das estruturas continuavam a ser tarefas demoradas e complexas.

Os primeiros computadores constituíram, assim, uma poderosa ferramenta para os cristalógrafos, mas estes tinham ainda de lidar com a complexidade e o rigor da análise de dados. Este foi um ponto de viragem na investigação cristalográfica, uma vez que a automatização do cálculo acelerou o processo, mas a criatividade e a intuição humanas continuaram a ser essenciais para interpretar corretamente os resultados.

Automatização de processos

No final da década de 1970 e início da década de 1980, foram feitos grandes avanços, nomeadamente com o advento de software informático que revolucionou a forma como os dados de difração eram processados e analisados. Este software facilitou a modelação de estruturas, tornando a análise de cristais mais acessível, mais rápida e mais exacta. Em particular, ferramentas como o *Frodo* (desenvolvido no início da década de 1980) e, mais tarde, *o Olex2*, permitiram aos investigadores manipular e aperfeiçoar estruturas moleculares utilizando visualizações em 3D.

Estes programas deram um salto quântico na automatização do processo de resolução de estruturas. Por exemplo, *o Frodo* oferecia uma interface gráfica e permitia a manipulação de átomos em 3D, tornando o processo de análise visual muito mais intuitivo. Este tipo de software permitiu que os cristalógrafos visualizassem a posição dos átomos e testassem diferentes configurações para ver qual o arranjo que melhor correspondia aos dados experimentais. *Olex2* e outros softwares que surgiram mais tarde continuaram neste caminho, oferecendo recursos ainda mais avançados para refinar modelos e interpretar dados de forma mais eficiente.

Uma das grandes vantagens destas ferramentas era a capacidade de integrar e processar grandes quantidades de dados de difração complexos. A análise de um grande número de picos de difração, bem como o refinamento das posições atómicas, tornou-se muito mais rápida e precisa graças à automatização dos cálculos. Além disso, este software tornou mais fácil lidar com estruturas biológicas complexas, como as proteínas e os ácidos nucleicos, que anteriormente eram difíceis de resolver devido à sua grande dimensão e flexibilidade.

A década de 1980 marcou, portanto, um período de grande evolução no domínio da cristalografia, com uma automatização crescente do processo de resolução de estruturas. O desenvolvimento de computadores e de software de análise acelerou a investigação, simplificou alguns dos passos complexos do processo e deu aos investigadores as ferramentas necessárias para resolver estruturas cada vez mais complexas e pormenorizadas.

Capítulo 6: A revolução dos anos 90: difração de raios X em grande escala

Os avanços dos anos 90

A década de 1990 marcou um ponto de viragem decisivo no domínio da cristalografia de raios X, com grandes avanços tecnológicos que permitiram atingir resoluções muito mais elevadas. Estes avanços foram possíveis graças a melhorias nos computadores, no software de análise e na tecnologia dos detectores. A difração de raios X, combinada com técnicas complementares como a espetroscopia de ressonância magnética nuclear (RMN) e a microscopia crioelectrónica, tornou possível a resolução de estruturas moleculares cada vez mais complexas.

Antes dos anos 90, as estruturas cristalográficas mais complexas podiam ser resolvidas com uma resolução limitada, o que dificultava a visualização exacta de certas caraterísticas estruturais, nomeadamente no caso de moléculas de grandes dimensões e de estruturas biológicas complexas. No entanto, nos anos 90, os investigadores começaram a obter resoluções que lhes permitiam distinguir detalhes atómicos com muito maior precisão. Este progresso foi possível graças a melhorias no equipamento de difração, tais como geradores de raios X mais potentes, detectores mais sensíveis e métodos de recolha de dados mais rápidos.

Além disso, as bases de dados em linha, como o Protein *Data Bank* (PDB), desempenharam um papel crucial na divulgação e no intercâmbio de informações estruturais. Os investigadores podiam agora comparar os seus resultados com estruturas de referência já resolvidas, facilitando a validação e o aperfeiçoamento dos modelos estruturais. Estas bases de dados deram também aos investigadores acesso a informações pormenorizadas sobre as estruturas das proteínas, dos ácidos nucleicos e das pequenas moléculas, constituindo um recurso inestimável para o desenvolvimento de novos medicamentos e tratamentos.

O advento de software mais potente também tornou possível automatizar fases complexas do processo de cristalografia. Este software facilitou o refinamento de estruturas, permitindo a obtenção de resultados mais fiáveis e precisos num período de tempo mais curto. Programas como o *X-PLOR*, *CNS* e *REFMAC* tornaram-se ferramentas essenciais para os cristalógrafos, permitindo uma análise mais rápida e detalhada das estruturas cristalinas.

Um bom exemplo: resolução de estruturas complexas

Um exemplo emblemático desta revolução na cristalografia de raios X nos anos 90 foi a resolução das estruturas de grandes proteínas, nomeadamente *a mioglobina* e *a hemoglobina*, que foram resolvidas com uma precisão sem precedentes. Estas proteínas, embora relativamente pequenas em comparação com outros complexos biológicos, serviram de modelo para moléculas muito mais complexas, que estavam ainda fora do alcance nos anos oitenta.

No final da década de 1990, os investigadores resolveram as estruturas de proteínas maciças, como a *ATP sintase* e *a proteína quinase A*, que desempenharam um papel fundamental na compreensão dos processos biológicos celulares. Estas estruturas complexas foram resolvidas com resoluções da ordem de 1 a 2 Å (Angstroms), permitindo a visualização de detalhes atómicos anteriormente inacessíveis.

Os avanços na resolução permitiram aos cientistas compreender aspectos anteriormente ignorados, como a disposição exacta das cadeias laterais de aminoácidos, as interações específicas entre átomos e a dinâmica das macromoléculas. Isto transformou a biologia estrutural, abrindo caminho a inovações na conceção de medicamentos e na compreensão dos mecanismos biológicos à escala atómica.

Os investigadores puderam assim não só resolver estruturas com resoluções mais finas, mas também explorar a dinâmica destas moléculas em solução, utilizando abordagens que combinam a difração de raios X, a RMN e a microscopia crioelectrónica. Neste período, assistiu-se a uma sinergia entre várias técnicas complementares, cada uma delas trazendo uma nova dimensão à nossa compreensão das estruturas biológicas complexas.

Capítulo 7. O legado destas descobertas e o papel da cristalografia moderna

Impacto na ciência e na medicina

As descobertas revolucionárias da estrutura de moléculas essenciais, como a insulina e a vitamina B12, marcaram um ponto de viragem importante nas ciências biológicas e médicas. A resolução destas estruturas tridimensionais permitiu aos cientistas compreender melhor os mecanismos moleculares subjacentes às funções biológicas. Por exemplo, a estrutura da **vitamina B12**, identificada por **Dorothy Hodgkin** na década de 1950, utilizando a cristalografia de raios X, esclareceu o seu papel fundamental no metabolismo celular e nas interações bioquímicas. A determinação desta estrutura complexa, envolvendo um núcleo de cobalto, foi um grande avanço para a biologia e levou a uma melhor compreensão dos mecanismos desta vitamina na síntese de ADN e na produção de glóbulos vermelhos.

Estas descobertas tiveram repercussões profundas no domínio da medicina, facilitando o desenvolvimento de medicamentos e tratamentos. O exemplo mais notável é o da **insulina**. Graças à sua estrutura cristalina, determinada por **Frederick Sanger** nos anos 50, foi possível compreender a sequência exacta das cadeias peptídicas que constituem a insulina. A determinação da estrutura tornou possível a produção de insulina sintética em grandes quantidades, o que transformou radicalmente o tratamento da diabetes. Uma vez produzida em laboratório, a insulina sintética permitiu tratar eficazmente a diabetes, salvando milhões de vidas. Estes avanços também facilitaram a produção de tratamentos biológicos mais precisos, como os anticorpos monoclonais e as proteínas terapêuticas, que são altamente eficazes no tratamento de doenças específicas.

Além disso, a cristalografia de raios X serviu de modelo para outras técnicas de análise estrutural, como a espetroscopia de RMN (ressonância magnética nuclear) e a microscopia crioelectrónica. Estas técnicas permitiram estudar estruturas moleculares cada vez mais complexas, desde as pequenas moléculas às grandes proteínas, e facilitaram o desenvolvimento de medicamentos mais específicos e eficazes. Graças a estes métodos, foram analisadas estruturas moleculares complexas, como os receptores de membrana e os complexos proteicos, abrindo caminho a novos tratamentos para doenças que anteriormente eram incuráveis.

Os prémios Nobel e as suas repercussões

Dorothy Hodgkin foi galardoada com o **Prémio Nobel da Química em 1964** pelo seu trabalho notável na cristalografia de raios X e na determinação da estrutura da **vitamina B12**. O prémio foi atribuído pelas suas contribuições fundamentais para a compreensão da estrutura das moléculas biológicas, constituindo um marco importante na química estrutural e na biologia.

Frederick Sanger, por sua vez, ganhou **duas vezes o Prémio Nobel da Química**. O primeiro, em 1958, foi pela sua determinação da estrutura da **insulina**, um avanço que levou a uma melhor compreensão desta hormona vital. Em 1980, foi-lhe atribuído um segundo Prémio Nobel da Química, em colaboração com **Paul Berg** e **Walter Gilbert**, pelo seu trabalho no método de sequenciação do ADN, outra descoberta revolucionária que abriu caminho à biotecnologia e à genética modernas.

O futuro da cristalografia

Embora a cristalografia de raios X continue a ser um pilar fundamental no estudo das estruturas cristalinas, a rápida evolução das tecnologias enriqueceu e diversificou as ferramentas ao dispor dos investigadores. Um dos principais desenvolvimentos das últimas décadas foi o aparecimento da **microscopia crioelectrónica (crioEM)**, que permite determinar estruturas 3D com uma resolução extremamente elevada, sem necessidade de cristalizar as amostras. Este método é particularmente útil para complexos biológicos, como as proteínas de membrana, que são difíceis de cristalizar e analisar por difração de raios X.

Os avanços na **inteligência artificial (IA)** e na **aprendizagem automática** também aceleraram a análise dos dados de difração. O novo software baseado nestas tecnologias automatiza a identificação de estruturas, a determinação de parâmetros cristalinos e a análise de dados de difração, tornando o processo mais rápido e menos propenso a erros. A convergência da cristalografia com abordagens computacionais e outras técnicas experimentais está a aumentar a precisão dos modelos moleculares, permitindo avanços significativos na investigação biomédica.

Atualmente, bases de dados como o **Protein Data Bank (PDB)** dão aos investigadores acesso a uma vasta quantidade de informação sobre as estruturas das proteínas, complexos macromoleculares e outras biomoléculas. Isto ajuda-os não só a compreender os mecanismos biológicos à escala atómica, mas também a desenvolver novos medicamentos.

Conclusão

Em suma, o legado da cristalografia de raios X, consolidado por trabalhos pioneiros como os de **Dorothy Hodgkin** e **Frederick Sanger**, continua a ser um pilar da investigação científica moderna. **Hodgkin**, com a sua determinação da estrutura da vitamina B12, e **Sanger**, com a sua elucidação da estrutura da insulina, lançaram as bases para descobertas revolucionárias que continuam a influenciar a biologia e a medicina atualmente. Embora continuem a surgir novas técnicas analíticas, a cristalografia, com os seus métodos comprovados e a sua capacidade de revelar as estruturas moleculares mais complexas, continua a evoluir e a abrir novas perspectivas para a medicina e a biotecnologia.

Capítulo 8. Análise de Pontos de Difração de Raios X numa Câmara de Debye-Scherrer

1. Preparar e obter a imagem (experiência de difração)

A difração de raios X é realizada utilizando uma câmara **Debye-Scherrer**, uma instalação especializada que dirige um feixe de raios X para um cristal. O cristal é colocado nesta câmara para que o feixe de raios X possa interagir com os seus átomos. Num ângulo preciso, o feixe é difractado pelos planos atómicos do cristal, criando um padrão de difração caraterístico. Este padrão é registado numa película fotográfica ou num detetor **CCD** (Charge-Coupled Device) colocado à volta do cristal. Os pontos de difração resultantes podem assumir a forma de anéis ou pontos, dependendo da estrutura do cristal.

2. Identificação de pontos

Os pontos de difração na imagem variam em tamanho e forma. No caso de um cristal monocristalino, as manchas são geralmente pontuais e muito definidas. Por outro lado, num cristal policristalino, as manchas aparecem sob a forma de anéis que correspondem às reflexões dos diferentes cristais presentes no material. A intensidade das manchas está relacionada com a ordem de difração e a densidade dos planos atómicos no cristal. As manchas próximas do centro correspondem a reflexões com ângulos pequenos (grandes espaçamentos inter-reticulares), enquanto as mais afastadas correspondem a reflexões com ângulos maiores (pequenos espaçamentos inter-reticulares).

3. Medição da posição dos pontos

A medição das posições dos pontos de difração é um passo crucial na análise. O ângulo de difração 2θ (o dobro do ângulo entre o feixe incidente e a direção de reflexão) é medido para cada ponto. Nos equipamentos modernos, estas medições podem ser automatizadas. No entanto, nos sistemas tradicionais, esta tarefa é realizada manualmente, utilizando um **goniómetro** para determinar com precisão o ângulo de cada ponto numa película fotográfica.

4. Cálculo dos espaços d (espaços inter-reticulares)

Uma vez medido o ângulo 2θ, **a lei de Bragg** pode ser utilizada para calcular o espaçamento inter-reticular ddd :

$$n\lambda = 2d\sin\theta$$

em que :

- λ é o comprimento de onda dos raios X utilizados,
- θ é o ângulo de difração medido,
- d é o espaçamento entre os planos de difração,

- nnn é a ordem de difração (geralmente n=1n = 1n=1 para o primeiro ponto visível).

Cada ponto de difração corresponde a um conjunto de planos no cristal. Medindo os ângulos 2θ, podemos determinar o espaçamento ddd para cada plano responsável pela difração.

5. Identificação dos índices de Miller (hkl)

Os índices **de Miller** (h, k, l) são utilizados para designar os planos de difração num cristal. Uma vez calculados os espaçamentos d, cada valor d pode ser associado a índices de Miller específicos. Estes índices são utilizados para caraterizar os planos da estrutura cristalina. Os índices de Miller podem ser identificados comparando os espaçamentos medidos com os de planos conhecidos em bases de dados de cristais, ou utilizando software especializado que facilite este passo.

6. Análise da estrutura cristalina

Utilizando os espaços d e os índices de Miller associados, é possível construir um modelo dos planos cristalinos. Podem ser criados padrões de difração ou mapas de difração para visualizar as posições dos planos no cristal. Se a estrutura cristalina não for conhecida, podem ser consultadas bases de dados como o **JCPDS** (Joint Committee on Powder Diffraction Standards) **PDF** (Powder Diffraction File) para identificar a fase cristalina em questão.

7. Cálculo dos parâmetros da célula unitária

Os parâmetros **da célula unitária** (as dimensões da célula básica do cristal) podem ser calculados a partir dos índices de Miller e dos espaçamentos d. Estes parâmetros incluem os comprimentos laterais a, b, ccc e os ângulos α, β, $\gamma\backslash$ entre os eixos. A geometria do cristal (cúbico, hexagonal, monoclínico, etc.) determinará as relações entre os índices de Miller e os parâmetros da célula unitária, a partir dos quais estes valores podem ser obtidos.

8. Feedback e verificação

Após o cálculo dos parâmetros da célula unitária e a construção de um modelo cristalino, é essencial verificar a consistência dos resultados. Isto pode incluir a comparação com bases de dados de difração existentes ou a simulação de difração baseada no modelo teórico. Se a estrutura cristalina já for conhecida, a comparação dos dados experimentais com os dados teóricos pode validar a identidade da fase cristalina.

9. Utilização de software de análise

Atualmente, muitos **pacotes de software de análise** podem automatizar a interpretação dos dados de difração, acelerando o processo e reduzindo o erro humano. Ferramentas como o **JADE**, **FullProf** e **XRD-Explorer**, bem como software baseado nas técnicas **de Rietveld**, permitem uma análise detalhada das estruturas cristalinas. Estas ferramentas facilitam a deteção de picos de difração, a medição de ângulos e podem mesmo efetuar a identificação de fases cristalinas e parâmetros de células unitárias automaticamente, oferecendo uma maior precisão e uma análise mais rápida.

Resumo das etapas:

1. Registo do padrão de difração.

2. Medição das posições dos pontos.

3. Cálculo dos espaçamentos inter-reticulares ddd utilizando a lei de Bragg.

4. Identificar as pistas de Miller.

5. Análise dos parâmetros da célula unitária.

6. Verificação e comparação com os dados existentes.

7. Utilização de software de análise para obter resultados mais aprofundados.

Conclusão: Uma viagem científica

A história da difração de raios X e das descobertas estruturais que se seguiram ilustra não só a evolução da ciência, mas também o desafio humano que a procura do conhecimento representa. As primeiras fases da cristalografia de raios X, realizadas em condições por vezes precárias, abriram horizontes inimagináveis para a compreensão das estruturas moleculares e atómicas. Pioneiros como Max von Laue, William e William Lawrence Bragg e Dorothy Crowfoot Hodgkin enfrentaram obstáculos tecnológicos, metodológicos e por vezes pessoais para lançar as bases de um domínio científico fundamental.

Tal como as grandes descobertas dos anos 1930-1950, como a revelação da estrutura da vitamina B12 e da insulina, estas descobertas não só alteraram a nossa compreensão das estruturas biológicas e moleculares, como também redefiniram os contornos da biologia e da química modernas. A perseverança e a paixão dos investigadores superaram dificuldades consideráveis. Estes cientistas investiram anos, por vezes décadas, na resolução de enigmas complexos, muitas vezes sem as ferramentas sofisticadas de que dispomos atualmente. É graças ao seu trabalho árduo que beneficiamos hoje de uma ciência mais acessível e de uma medicina revolucionada pela compreensão de estruturas tão complexas como as das proteínas e dos ácidos nucleicos.

O percurso da cristalografia de raios X, desde a era dos cristais até às modernas tecnologias de difração e bases de dados digitais, realça a importância da colaboração entre a ciência, a tecnologia e o engenho humano. Estas descobertas conduziram a aplicações diretas, nomeadamente em biotecnologia e farmacologia, que transformaram a vida de milhões de pessoas em todo o mundo.

O percurso destas descobertas, por vezes árduo e cheio de armadilhas, recorda que a ciência é um processo coletivo e contínuo, um caminho feito de curiosidade e de descobertas, mas também de desafios e de interrogações. Este percurso faz parte integrante da história da humanidade e os progressos realizados atualmente assentam nos ombros de gigantes que ousaram ultrapassar as fronteiras do conhecimento. Através do seu legado, os investigadores modernos continuam a explorar, descobrir e compreender os complexos segredos do nosso mundo molecular. Esta procura de conhecimento em constante evolução recorda-nos que cada nova descoberta abre um campo infinito de oportunidades para o futuro, na nossa compreensão da matéria, da vida e mais além.

Referências:

1. Bragg, W.L., & Bragg, W.H. (1913). The Diffraction of X-rays by Crystals (A Difração de Raios X por Cristais). *Actas da Sociedade Real de Londres. Série A*, 88(605), 428-438. [DOI: 10.1098/rspa.1913.0078]

2. Hodgkin, D.C. (1964). A cristalografia e a estrutura da insulina. *O Prémio Nobel da Química.* [Sítio oficial do Prémio Nobel:

3. Kendrew, J.C., et al (1958). The Structure of Myoglobin (A Estrutura da Mioglobina). *Nature*, 181(4596), 662-666. [DOI: 10.1038/181662a0].

4. Perutz, M.F. (1960). A estrutura da hemoglobina. *Nature*, 188, 11-16. [DOI: 10.1038/188011a0]

5. Laue, M. von (1912). Über die Beugung von Röntgenstrahlen an Kristallen. *Annalen der Physik*, 344(4), 1-19. [DOI: 10.1002/andp.19123440404]

6. Johnson, G. & Kaplan, N. (1956). A estrutura da vitamina B12. *Nature*, 178(4535), 1249-1253. [DOI: 10.1038/1781249a0].

7. Rupp, B. (2010). *Biomolecular Crystallography: Principles, Practice, and Application (Cristalografia Biomolecular: Princípios, Prática e Aplicação).* Garland Science.

8. Wilson, A. J. C. (1999). *The Measurement of Structure*. Oxford University Press.

9. Fermi, G., & Meissner, A. (1984). The Role of Computers in X-ray Crystallography (O Papel dos Computadores na Cristalografia de Raios X). *Science*, 229(4716), 451-456. [DOI: 10.1126/science.805,0206]

10. Zhang, J. & Berman, H. M. (1991). Protein Crystallography: Data Analysis and Software. *Oxford University Press*.

11. Hodgkin, D. C. (1964). A estrutura da vitamina B12. *Palestra do Prémio Nobel*.

12. Rupp, B. (2010). *Crystallography Made Crystal Clear*. Imprensa Académica.

13. Henderson, R., et al. (2012). "Evolução da crio-microscopia de elétrons de partícula única". *Nature*.

14. McPherson, A., Gavira, J. A. (2014). "Introdução à cristalização de proteínas". *Ata Crystallographica Secção F: Comunicações de Biologia Estrutural*.

15. Hodgkin, D.C. (1969). Structure of Insulin (Estrutura da Insulina). *Nature*, 224(5212), 1254-1256. [DOI: 10.1038/2241254a0].

16. Dobson, C.M., & Karplus, M. (2001). Understanding Protein Folding: The Role of Crystallography and NMR. *Tendências em Ciências Bioquímicas*, 26(1), 1-8. [DOI: 10.1016/S0968-0004(00)01810-3]

17.Perutz, M.F. (2002). Molecular Biology and the Structure of Insulin (Biologia Molecular e a Estrutura da Insulina). *Tendências em Ciências Bioquímicas*, 27(7), 453-456. [DOI: 10.1016/S0968-0004(02)02188-6]

18.Berman, H. M., Westbrook, J., & Feng, Z. (2000). O Banco de Dados de Proteínas. *Nucleic Acids Research*, 28(1), 235-242. [DOI: 10.1093/nar/28.1.235]

19.Garman, E. F., & Rupp, B. (2000). Técnicas de difração de raios X de alta resolução em cristalografia de proteínas. *Current Opinion in Structural Biology*, 10(5), 500-508. [DOI: 10.1016/S0959-440X(00)00119-4]

20.Sali, A., & Shakhnovich, E. I. (1996). Advances in structural genomics. *Nature Structural Biology*, 3(5), 242-246. [DOI: 10.1038/nsb0496-242]

21.Bragg, W. L., & Bragg, W. H. (1913). "A reflexão dos raios X pelos cristais". *Proceedings of the Royal Society A: Mathematical, Physical and Engineering Sciences*, 88(605), 428-438. [DOI: 10.1098/rspa.1913.0040]

22.Hodgkin, D. C. (1964). "A análise cristalográfica de proteínas por raios X". *Nature*, 204(4969), 557-563. [DOI: 10.1038/204557a0]

23.Kleywegt, G. J., & Jones, T. A. (1996). "Detectando e superando erros em estruturas de proteínas". *Ata Crystallographica Section D:*

Biological Crystallography, 52(4), 818-824. [DOI: 10.1107/S0907444996011244]

24. Rietveld, H. M. (1969). "Perfis de linha de picos de difração de pó de neutrões para análise estrutural". *Ata Crystallographica Section A: Crystal Physics, Diffraction, Theoretical and General Crystallography*, 22(1), 151-152. [DOI: 10.1107/S0567739469000240]

25. Wade, R. C., & Nourse, J. G. (1997). "Métodos computacionais em biologia estrutural". *Crystallography Reviews*, 5(3), 237-269. [DOI: 10.1080/08893119708087777]

26. McMullan, G., et al. (2016). "Cristalografia: a evolução e o futuro da determinação da estrutura das proteínas". *Nature Structural & Molecular Biology*, 23, 1-11. [DOI: 10.1038/nsmb.3213]

27. JCPDS PDF (Comité Conjunto de Normas de Difração de Pós). "Ficheiro de Difração de Pós". Centro Internacional de Dados de Difração (ICDD),

28. Kabsch, W. (2010). "XDS". *Ata Crystallographica Section D: Biological Crystallography*, 66(2), 125-132. [DOI: 10.1107/S0907444909047337]

Glossário:

1. **Cristalografia**: A ciência que estuda a estrutura e as propriedades dos cristais. É utilizada para analisar a disposição dos átomos nos materiais sólidos, nomeadamente nas moléculas.

2. **Difração de raios X**: Técnica utilizada para estudar as estruturas cristalinas, baseada na interação dos raios X com a matéria. É utilizada para determinar a disposição dos átomos nos cristais.

3. **Raios X**: Radiação electromagnética de alta energia utilizada para analisar a estrutura dos cristais em experiências de difração.

4. **Modelação molecular**: A construção de representações tridimensionais de moléculas, frequentemente utilizando cálculos informáticos.

5. **Proteína**: Molécula biológica constituída por aminoácidos, com uma estrutura tridimensional essencial à sua função.

6. **Espectroscopia**: Técnica de análise das interações da radiação com a matéria, utilizada para obter informações sobre a estrutura e as propriedades das moléculas.

7. **Espectro molecular**: Diagrama obtido através da análise da radiação emitida ou absorvida por uma molécula. Fornece informações sobre a estrutura e as transições de energia da molécula.

8. **Lei de Bragg**: Relação matemática entre o ângulo de difração dos raios X e as distâncias inter-reticulares num cristal, permitindo determinar a estrutura cristalina.

9. **Cristal**: Sólido em que os átomos, moléculas ou iões estão dispostos de forma ordenada e regular a longas distâncias, formando uma estrutura repetitiva conhecida como rede cristalina.

10. **Macromolécula**: Molécula de grandes dimensões, frequentemente formada pela polimerização de pequenas unidades, como as proteínas, os ácidos nucleicos ou os polissacáridos.

11. **Estrutura cristalina**: A disposição ordenada de átomos, moléculas ou iões num cristal, que pode ser determinada utilizando técnicas como a difração de raios X.

12. **Cristalografia** de raios X: Utilização de raios X para estudar as estruturas atómicas de materiais cristalinos através da observação da difração de raios X.

13. **Estrutura molecular**: A disposição tridimensional dos átomos numa molécula, que determina as suas propriedades e o seu comportamento.

14. **Reflexão de Fourier**: Método matemático utilizado para analisar dados de difração, transformando-os numa imagem da estrutura molecular.

15. **Vitamina B12**: molécula complexa essencial para o metabolismo humano, está envolvida na síntese do ADN e na formação dos

glóbulos vermelhos. A sua estrutura foi resolvida em 1956 por difração de raios X por Dorothy Crowfoot Hodgkin.

16. **Modelo molecular**: Representação visual ou teórica da disposição dos átomos numa molécula.

17. **Auto-geração de dados**: O processo de otimização e refinamento de dados experimentais utilizando ferramentas de software para extrair informações sobre a estrutura atómica.

18. **Software de cristalografia**: Programas informáticos utilizados para analisar dados de difração de raios X, como o Frodo, o Olex2 e outras ferramentas utilizadas para modelar estruturas moleculares.

19. **Mainframe**: Computador mainframe utilizado nas décadas de 1960 e 1970 para efetuar cálculos complexos e gerir bases de dados científicas.

20. **Frodo**: Software desenvolvido nos anos 80 que permite aos investigadores manipular modelos moleculares em 3D, facilitando a resolução de estruturas.

21. **Microscopia crioelectrónica (crioEM)**: Técnica de microscopia eletrónica utilizada para obter imagens de biomoléculas ou complexos biológicos a temperaturas muito baixas, permitindo uma resolução de alta qualidade sem necessidade de cristais.

22. **Espectroscopia de RMN**: Técnica que utiliza a ressonância magnética nuclear para determinar a estrutura tridimensional de moléculas em soluções.

23.**Banco de dados de proteínas (PDB)** : Base de dados em linha que contém informações sobre as estruturas tridimensionais de biomoléculas, como as proteínas e os ácidos nucleicos.

24.**Cristalização**: o processo pelo qual um composto puro forma cristais, uma etapa crucial na difração de raios X.

25.**Cristais**: Sólidos em que os átomos, iões ou moléculas estão dispostos de forma regular e ordenada numa rede tridimensional.

26.**Difração de raios X de alta resolução**: Técnica para obter detalhes atómicos mais finos em estruturas cristalinas, utilizando equipamento melhorado e métodos de processamento de dados.

27.**X-PLOR e CNS**: Software de cristalografia utilizado para aperfeiçoar modelos estruturais de proteínas e outras macromoléculas a partir de dados de difração de raios X.

28.**Insulina**: Hormona produzida pelo pâncreas, responsável pela regulação da concentração de glicose no sangue. A sua ausência ou mau funcionamento conduz à diabetes.

29.**Cristal monocristalino**: Cristal constituído por uma única rede cristalina contínua, com faces planas e regulares.

30.**Cristal policristalino**: Material constituído por vários pequenos cristais chamados grãos, com orientações aleatórias na estrutura cristalina.

31.**Câmara de Debye-Scherrer** : Aparelho utilizado em experiências de difração de raios X para registar o padrão de difração gerado por um cristal exposto a um feixe de raios X.

32.**Pontos de difração**: Os padrões formados numa película fotográfica ou num detetor CCD quando um feixe de raios X é difractado por um cristal. Estas manchas representam reflexões dos planos atómicos do cristal.

33.**Goniómetro**: Instrumento para medir os ângulos de difração dos raios X em função da posição dos pontos numa película ou num detetor.

34.**Espaçamento inter-reticular (d)** : Distância entre planos sucessivos na estrutura cristalina.

35.**Índices de Miller (hkl)**: Conjunto de três números utilizados para descrever a posição e a orientação dos planos cristalinos num cristal.

36.**Célula unitária**: A mais pequena unidade estrutural repetida de um cristal, que define a estrutura cristalina a uma escala atómica.

37.**Rietveld**: Método de refinamento de parâmetros cristalinos a partir de dados de difração de raios X, frequentemente utilizado para analisar materiais complexos.

38.**Detetor CCD**: dispositivo eletrónico utilizado para detetar pontos de difração em experiências de cristalografia de raios X.

39. **Microscopia crioelectrónica**: Técnica utilizada para obter imagens de alta resolução da estrutura tridimensional das biomoléculas, frequentemente utilizada como complemento da cristalografia de raios X.

40. **Base de dados em PDF**: Powder Diffraction File gerido pelo JCPDS, uma base de dados que contém informações sobre as estruturas cristalinas e os dados de difração dos materiais.

yes
I want morebooks!

Buy your books fast and straightforward online - at one of world's fastest growing online book stores! Environmentally sound due to Print-on-Demand technologies.

Buy your books online at
www.morebooks.shop

Compre os seus livros mais rápido e diretamente na internet, em uma das livrarias on-line com o maior crescimento no mundo! Produção que protege o meio ambiente através das tecnologias de impressão sob demanda.

Compre os seus livros on-line em
www.morebooks.shop

Printed by Books on Demand GmbH, Norderstedt / Germany